Burkhard Sonntag ist Facharzt für Allgemeinmedizin und hat von 1998 bis 2006 in Großbritannien bzw. im britischen Gesundheitssystem als Arzt gearbeitet: anfangs in Krankenhäusern, später als Hausarzt in eigener Praxis, als Vertretung und im hausärztlichen Notdienst.

# Burkhard Sonntag

## Gesund bleiben in Großbritannien

Eine Gebauchsanweisung
für das britische Gesundheitswesen

Recommended Retail Price: £ 4.99

Erste Auflage / UK Ausgabe

First Edition / For Distribution in UK

ISBN 978-1-4092-1557-8

Erste Auflage 2008

© 2008 Burkhard Sonntag

burkhard@sonntag.org.uk

Herstellung und Verlag:  Lulu

Druck/Print: Lulu

Printed in United Kingdom

# Inhalt

# Vorwort

Wer längere Zeit in Großbritannien lebt oder vorhat, dorthin zu ziehen oder dort zu arbeiten, wird zwangsläufig früher oder später mit Ärzten und Krankenhäusern zu tun haben.

Die Meinungen über das britische Gesundheitswesen gehen auseinander.

Eine Katastrophe, sagen die Einen und haben Geschichten von dunklen und verdreckten Krankensälen und langen Wartezeiten auf Lager.

Eine tolle Sache, sagen die anderen und loben ihren freundlichen und kompetenten Hausarzt, oder die Tatsache, dass Verhütungsmittel und andere Leistungen welche in Deutschland viel Geld kosten hier kostenlos erhältlich sind (z.B. Mittel zur Raucherentwöhnung).

Tatsache ist: Angesichts der stetig steigenden Krankenkassenbeiträge in Deutschland bekommt man in Großbritannien doch ein ganz passables Preis-Leistungsverhältnis.

Das britische Gesundheitswesen ist kein funkelnagelneuer chromblitzender Mercedes, sondern ein in die Jahre gekommener Volkswagen, der im Prinzip immer noch läuft, aber ein wenig Rost angesetzt hat und dann und wann eine Reparatur nötig hat. Man bekommt eine halbwegs solide Grundversorgung, nicht mehr und nicht weniger.

Der erste Teil dieses kleinen Ratgebers soll helfen, das britische Gesundheitswesen – hauptsächlich den National Health Service (NHS), aber darüber hinaus auch den zunehmend an Bedeutung gewinnenden privaten Sektor in seinen Grundzügen kennen zu lernen. Der zweite Teil bietet eine konkrete

Gebrauchsleitung und im Anhang finden sich einige nützliche Adressen, Telefonnummern und Webseiten.

Abschließend möchte ich es nicht versäumen, mich bei all denjenigen Freunden und Kollegen zu bedanken, welche mich bei der Arbeit an dieser Broschüre unterstützt haben, insbesondere auch den zahlreichen „Beta-Leserinnen" und –Leser, welche zum Teil noch in letzter Minute wichtige Hinweise gegeben haben:

Silvia Menth, Prof. Dr. Jens-Martin Träder, Wolfgang Wannoff, Stefan Kuetter, Max Zöttl, Christian Moor, Yvonne Ford, die Userin „Kenniblue" auf www.deutsche-in-london.net, Dominik Ahlquist, Peter Grimm, Max Bürck-Gemassmer, Max Joseph Kraus, Doris Keller, Bernhard Fürthauer, Günther Egidi, und Marcus Schmidt.

Ganz besonderer Dank aber vor allem an die zahlreichen Kolleginnen und Kollegen der Deutsch-Englischen Ärztevereinigung (AGMS – www.agms.net), welche über viele Jahre hinweg zahlreiche Kurse für deutsche Ärzte in Großbritannien durchgeführt haben und ohne die ich niemals auf die Idee gekommen wäre, diese Broschüre zu schreiben.

Burkhard Sonntag, im Juli 2008

# Erster Teil

## Der National Health Service (NHS)

Der National Health Service hat Geburtstag: sechzig Jahre wird er alt. Seine Gründung war damals eine kleine Revolution und die Briten waren Jahrzehntelang mit Recht stolz: eine kostenlose qualitativ hochwertige Gesundheitsversorgung für alle – das war sogar in Europa nicht unbedingt selbstverständlich.

Aber was ist der NHS eigentlich genau?

Auf der einen Seite ist er so etwas ähnliches wie die britische Einheits-Krankenkasse. Gleichzeitig aber betreibt er auch die meisten Krankenhäuser und ist mittelbar auch Arbeitgeber für die Hausärzte.

Insgesamt handelt es sich um eine riesengroße staatliche Institution mit einem Milliarden-Budget, welche nicht nur der größte Arbeitgeber im britischen Inselreich ist, sondern darüber hinaus gerüchteweise als zweitgrößter Arbeitgeber Europas gilt (nach der russischen Armee).

# Kurze Geschichte des NHS

Bis in die erste Hälfte des zwanzigsten Jahrhunderts war das britische Gesundheitswesen weitgehend privat organisiert. Hausärzte waren selbständige Unternehmer und arbeiteten auf eigene Rechnung. Bei jedem Arztbesuch war ein Honorar fällig, welches der Patient aus eigener Tasche begleichen musste. Wer nicht bezahlen konnte, hatte auch keinen Anspruch auf Behandlung. Manche Arbeitgeber boten ihren Angestellten eine Art Versicherung an, dies galt aber ausschließlich für die Arbeitnehmer selbst und in der Regel nicht für deren Familienangehörige. Nur wenige wohltätige Stiftungen boten kostenlose medizinische Betreuung für die Armen. Auch die Altersversorgung war nicht gewährleistet: Wer nicht selbst vorgesorgt hatte oder nicht durch Angehörige versorgt werden konnte, landete im Alter oft verarmt im Arbeitshaus.

Erst im Jahre 1948 beschloss die damalige Labour-Regierung unter dem Gesundheitsminister Aneurin Bevan, dies zu ändern.

Das Grundprinzip des neuen Gesundheitsdienstes sollte es sein, dass medizinische Leistungen von Hausärzten und in Krankenhäusern für alle Einwohner kostenlos zur Verfügung stehen sollten – das heißt, dass man zum Zeitpunkt der Inanspruchnahme nichts bezahlen muss („Free at the point of use"). Die Kosten sollten aus den allgemeinen Steuermitteln bestritten werden.

Die Ärzteschaft befürchtete Einkommensverluste und stand der neuen Idee daher anfangs etwas skeptisch gegenüber, konnte jedoch durch Ausgleichzahlungen und finanzielle Anreize umgestimmt werden.

Die Kosten des neuen Systems waren nur schwer vorauszusehen und stiegen bald unerwartet schnell. Hauptursachen waren der medizinische Fortschritt und eine stärkere Erwartungshaltung der Bevölkerung. 1952 wurden daher eine

Rezeptgebühr von einem Schilling sowie Zuzahlungen für Zahnbehandlungen und Brillen eingeführt.

Die fünfziger und sechziger Jahre galten als erste Blütezeit des NHS: Zahlreiche Krankenhäuser und Community Health Centres wurden gebaut. Nach der Regierungsübernahme durch die Konservative (Tory) Partei im Jahre 1979 wurden öffentliche Dienste einschließlich des NHS stark vernachlässigt. Subventionen wurden gestrichen und im Rahmen des allgemeinen Privatisierungswahns wurden zahlreiche Servicebereiche an private Firmen abgegeben. Die Krankenhäuser wurden zu NHS-Trusts zusammengefasst und mussten sich einem „internen Wettbewerb" stellen, was nicht unbedingt gut angenommen wurde. Der Verwaltungsapparat wurde aufgebläht, durch Konkurrenzdenken und nachlassende Kooperationsbereitschaft verschlechterte sich das Arbeitsklima und letztlich auch die Versorgung.

Als die Labour Party 1997 erneut die Regierung übernahm, trat sie ein schweres Erbe an.

Seitdem wurden über eine Milliarde Pfund in das System investiert – mit zumindest teilweise recht passablem Erfolg, auch wenn einige Bereiche nach wie vor verbesserungswürdig sind.

# Struktur und Arbeitsweise des NHS

Der NHS wird aus allgemeinen Steuergeldern finanziert. Eine spezielle „Gesundheitssteuer" gibt es genauso wenig wie Krankenkassenbeiträge im deutschen Sinne.

Jeder Einwohner hat das Recht, im Rahmen des NHS Gesundheitsleistungen in Anspruch zu nehmen, egal ob er Steuern zahlt oder nicht. Das gilt für Arbeiter, Angestellte und Selbständige genauso wie für Kinder, nicht berufstätige Hausfrauen, Rentner oder Arbeitslose.

Der NHS untersteht unmittelbar dem Gesundheitsministerium, dem Department of Health (DOH).

Das Ministerium stellt nationale Qualitätsstandards auf, hat die letzte Verantwortung für Investitionen und arbeitet landesweit mit Institutionen und Organisationen zur Qualitätskontrolle zusammen.

Die regionalen Organisationen sind die sogenannten Strategic Health Authorities und auf lokaler Ebene gliedert sich der NHS in einzelne Trusts, wobei man unterscheidet zwischen Hospital Trusts – welche für ein oder mehrere Krankenhäuser zuständig sind und Primary Care Trusts (PCT's), welche die Oberaufsicht für die hausärztliche Versorgung in einer geographischen Region haben. Ein PCT ist in der Regel für die Versorgung von mindestens fünfzig bis hunderttausend Einwohnern zuständig.

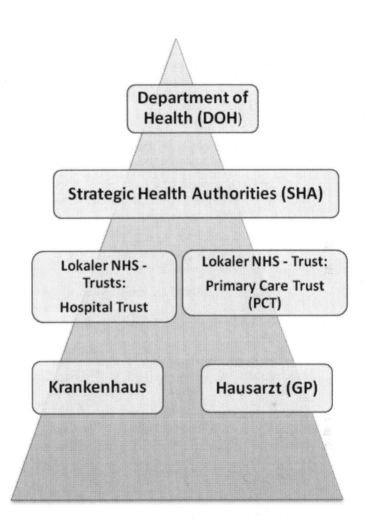

# Das Primärarztsystem

Wer ein gesundheitliches Problem hat, muss sich zuerst an seinen Hausarzt wenden.

Der Hausarzt – oder „General Practitioner", kurz GP, ist also grundsätzlich der erste Ansprechpartner für jeden Patienten, wenn man einmal von dringenden Notfallsituationen absieht.

Die Gesamtheit aller Leistungen, welche von Hausärzten und deren Mitarbeitern erbracht werden kann, bezeichnet man folglich als „primäre Versorgung" oder „Primary Care".

Dem gegenüber bezeichnet man Leistungen, die von Spezialisten in Krankenhäusern erbracht werden als „sekundäre Versorgung" oder „Secondary Care".

Die strenge Unterscheidung zwischen „Primary Care" und „Secondary Care" ist typisch für das britische Versorgungssystem und ein erheblicher Unterschied zu den Gegebenheiten in Deutschland.

Eine Behandlung durch spezialisierte Fachärzte ist grundsätzlich nur nach vorheriger Überweisung durch den Hausarzt möglich.

Der Spezialist wiederum hat die Möglichkeit, seine Patienten an noch weiter differenzierte Sub-Spezialisten zu überweisen, welche meistens an Uni-Kliniken beheimatet sind. Dies bezeichnet man dann als „Tertiäre Versorgung" oder „Tertiary Care".

Der Hausarzt hat also eine ganz besondere Verantwortung: er ist er einerseits der „Lotse", welcher den Patienten im Idealfall „von der Wiege bis zum Grab" begleitet und im Erkrankungsfall durch das Gesundheitssystem führt, andererseits aber auch der gefürchtete „Türhüter" (Gatekeeper), der den Zugang zu den knappen Ressourcen des Gesundheitswesens drosseln muss.

Fachärzte sind ausschließlich in Krankenhäusern oder in größeren Zentren tätig. In Einzelpraxis "niedergelassene" Fachärzte im deutschen Sinne gibt es in Großbritannien nicht – abgesehen von wenigen Ausnahmen im privaten Sektor.

Krankenhäuser behandeln also nicht nur stationäre Patienten („In-Patients"), sondern Krankenhausärzte führen auch Sprechstunden für ambulante Patienten („Out-Patients") durch.

Apparative Diagnostik (z.B. Röntgen, Ultraschall, Belastungs-EKG…) wird fast ausschließlich in Krankenhäusern durchgeführt.

Vor allem im ländlichen Bereich gibt es immer noch zahlreiche kleine Krankenhäuser (sogenannte „Cottage Hospitals"), welche weitgehend allein von Krankenschwestern betrieben werden. Die ärztliche Betreuung erfolgt zum Teil durch Spezialisten des nächstgelegenen größeren Krankenhauses, zum Teil aber auch durch die Hausärzte. Es ist nicht ungewöhnlich, dass Hausärzte gelegentlich in solchen Krankenhäusern Visiten durchführen.

Die Trennung zwischen ambulantem und stationärem Sektor ist also wesentlich weniger strikt als in Deutschland.

Nur im Notfall kann man ohne Überweisung durch den Hausarzt direkt ins Krankenhaus gehen. Dann wird man im "Accident and Emergency Department" (kurz „A&E", auch "Casualty" genannt) behandelt. Accident and Emergency Departments sind interdisziplinäre Ambulanzen und Notaufnahmen – hier werden also sowohl chirurgische als auch internistische Patienten behandelt. Nach der Behandlung wird entschieden, ob ein Patient nach Hause entlassen werden kann, ob er einem Spezialisten vorgestellt oder stationär aufgenommen werden soll. Wird er stationär aufgenommen, dann wird er im Krankenhaus vom Team der entsprechenden Fachrichtung behandelt und kann auch nach der Entlassung von den Krankenhausärzten in den schon erwähnten ambulanten Sprechstunden (Out Patient's Clinics) weiterbehandelt werden.

Patient

General Practitioner
Local Doctor
Primary Care

Hospital
Secondary Care

Specialised Hospital
Tertiary Care

# Der General Practitioner

Jeder Einwohner Großbritanniens sollte bei einem Hausarzt - einem General Practitioner, kurz GP - „registriert" sein. Säuglinge werden gleich nach der Geburt beim GP ihrer Eltern eingetragen. Bei jedem Umzug sucht man sich an seinem neuen Wohnort baldmöglichst einen neuen GP, den man meist vor Ort frei wählen kann. Fast alle Briten sind bei einem GP registriert, egal ob sie zufällig gerade medizinische Behandlung benötigen oder aber kerngesund sind. Manch einer hat „seinen" Hausarzt seit Jahren oder gar Jahrzehnten nicht mehr gesehen, steht aber weiterhin auf dessen Patientenliste. Wenn man als Patient unzufrieden mit seinem GP ist, kann man sich bei einem anderen GP registrieren lassen.

Im Gegensatz zu Deutschland sind in Großbritannien Gemeinschaftspraxen die Regel. Drei bis sieben Partner pro Praxis sind durchaus „normal", und auch größere Praxen mit bis zu zehn Partnern sind nicht ungewöhnlich. Nur ganz wenige GP's arbeiten allein. Ein britischer GP betrachtet sich selbst eher als Mitglied eines Teams, welches auch andere Berufsgruppen umfasst: In fast jeder Praxis gibt es gut ausgebildete Krankenschwestern, die oft selbständig eigene Sprechstunden für chronisch kranke Patienten (z.B. Asthmatiker, Diabetiker, Patienten mit koronarer Herzkrankheit) durchführen. Gemeindeschwestern betreuen alte und gebrechliche Patienten weitgehend in eigener Regie. Ein Großteil der Routine-Schwangerenvorsorge liegt in der Hand von Gemeinde-Hebammen, die eng mit den Hausärzten zusammenarbeiten. „Health Visitors" - das sind speziell weitergebildete Krankenschwestern - betreuen junge Familien und sind überwiegend präventiv tätig. Mit Physiotherapeuten besteht ebenfalls oft eine enge Zusammenarbeit. Eine „durchschnittliche" GP-Praxis hat oft 6 bis 7 Ärzte und 20 bis 30 Angestellte.

Weil der GP im Regelfall erster Ansprechpartner für jedes Gesundheitsproblem ist, wird von ihm erwartet, dass er auf jedem medizinischen Fachgebiet zumindest über Grundkenntnisse verfügt und gängige oder einfache Probleme selbst behandeln kann.

Wie schon erwähnt, haben die Patienten normalerweise keine Möglichkeit, sich direkt an einen Spezialisten zu wenden. Die Entscheidung, ob ein Patient an einen Spezialisten überwiesen wird, liegt ausschließlich beim Hausarzt.

Der GP ist prinzipiell angehalten, erst dann zu überweisen, wenn er alle eigenen Möglichkeiten ausgeschöpft hat. Grundsätzlich werden wesentlich strengere Maßstäbe angesetzt als in Deutschland, um die Spezialisten nicht zu überlasten. In jedem Fall wird erwartet, dass der GP einen ausführlichen Überweisungsbrief schreibt, aus welchem die relevante Symptomatik, Vorgeschichte und genaue Fragestellung hervorgeht.

Die Wartezeiten für einen Termin in einer solchen Facharzt-Sprechstunde können im schlimmsten Fall mehrere Monate betragen – auch wenn in den letzten Jahren einige Anstrengungen unternommen worden sind, um diese Wartezeiten abzukürzen.

Hat ein Patient einen Facharzt-Termin wahrgenommen, so wird der Spezialist im Gegenzug einen mindestens genauso ausführlichen Brief an den GP schreiben. Dies zu unterlassen, gälte als schwerer Faux Pas.

Der Hausarzt hat daher einen guten Überblick über die Situation „seiner" Patienten und weiß jederzeit, welche diagnostischen und therapeutischen Maßnahmen die Fachärzte bereits unternommen oder geplant haben.

Auch mit apparativer Diagnostik ist ein britischer GP normalerweise zurückhaltend. Nur einige technische Untersuchungen kann er selbst durchführen: Zwar gibt es in fast allen Praxen EKGs, aber fast nirgendwo ein Ultraschallgerät, geschweige denn eine Röntgenanlage. Auch für solche Untersuchungen muss der Patient ins Krankenhaus überwiesen werden, und auch hierfür gibt es Wartezeiten.

Prinzipiell wird eine Untersuchung nur dann angesetzt, wenn das Ergebnis eine Auswirkung auf das weitere Management des Patienten hat. Der in Deutschland oft gehörte Begriff der „diagnostischen Sicherheit" ist in Großbritannien so gut wie unbekannt.

Selbstverständlich kann ein GP einen Patienten im Notfall auch direkt stationär einweisen. In diesem Fall ist es üblich, vorher mit dem diensthabenden Kollegen im Krankenhaus persönlich zu sprechen und dem Patienten einen Einweisungsbrief mitzugeben.

## Arbeitsalltag eines GP

In der Regel fängt ein Hausarzt zwischen 8 und 9 Uhr morgens mit seiner Sprechstunde an.

Die Bandbreite dessen, was man sieht variiert extrem: Das reicht vom verstauchten Knöchel bis hin zur Betreuung schwerstkranker Tumor-Patienten, von der gesunden jungen Frau mit leichten Halsschmerzen bis hin zum Rentner mit schweren psychischen und sozialen Problemen. Ein GP ist ein echter Generalist. Die Verordnung von Mitteln zur Empfängnisverhütung ist genauso Teil seines Alltags wie gynäkologische Vorsorgeuntersuchungen, die Betreuung von schwangeren Patientinnen oder Routineuntersuchungen und Impfungen von kleinen Kindern.

Im Normalfall vereinbart ein Patient seinen Behandlungstermin telefonisch im Voraus. Wer unangemeldet „hereinschneit" kann nur dann erwarten, direkt gesehen zu werden, wenn es sich um ein echtes Notfallproblem handelt. In größeren Praxen ist es meist üblich, dass jeweils ein Partner nach einem rotierenden Dienstplan keine „gebuchten" Termine hat sondern sich ausschließlich um diese unangemeldeten Notfälle kümmert und oft auch alle anfallenden Hausbesuche durchführt.

So wird gewährleistet, dass für jeden Patienten durchschnittlich zehn Minuten zur Verfügung stehen. In einer dreistündigen Sprechstunde sieht der Arzt also etwa 18 Patienten. Wer morgens und nachmittags je eine Sprechstunde abhält, behandelt demnach 36 Patienten pro Tag. Deutsche Hausärzte sehen zwar oft doppelt so viele Patienten pro Tag, dafür dauern die Konsultationen im Durchschnitt kürzer. Deutsche gehen wesentlich häufiger zum Arzt als Briten.

Ein GP ist kein Einzelkämpfer. Einen Patienten mit Rückenschmerzen kann er zum Beispiel an „seine"

Physiotherapeutin überweisen, die in derselben Praxis arbeitet. Ist die Physiotherapeutin der Ansicht, dass der Patient doch weitergehender diagnostischer Abklärung oder einer Überweisung zum Orthopäden bedarf, so wird der GP in der Regel auf diese Vorschläge eingehen oder sie mit der Physiotherapeutin erneut diskutieren. Die Praxis-Krankenschwestern bewältigen in ihren eigenständigen Sprechstunden einen großen Teil der Routinebehandlung für chronisch kranke Patienten, z.B. für Diabetiker. Hat die Krankenschwester jedoch eine Frage oder fühlt sich überfordert, so kann sie sich jederzeit an den GP wenden. Krankenschwestern und Physiotherapeuten werden nicht in erster Linie als „Gehilfen" des Arztes betrachtet, sondern als eigenständige, wertvolle Mitglieder des Praxis-Teams.

Darüber hinaus spielen telefonische Konsultationen eine wesentlich größere Rolle als in Deutschland. So manche einfache Krankheitsepisode lässt sich durch einen kurzen Anruf klären, aber auch unkomplizierte Resultate von Labortests oder Diagnostik werden oft telefonisch mitgeteilt. Natürlich macht ein britischer GP auch Hausbesuche. Da jedoch ein Hausbesuch bekanntermaßen wesentlich länger dauert als eine Konsultation in der Praxis (und nicht extra vergütet wird), legen die meisten GPs relativ strenge Maßstäbe an. Prinzipiell gilt, dass jeder transportfähige Patient in der Praxis gesehen werden sollte, auch wenn dies für ihn mit Unbequemlichkeiten oder einer kostspieligen Taxifahrt verbunden ist.

Mehrere Stunden pro Woche verbringt ein GP mit Bürotätigkeiten: die eingehende Post und Befunde müssen gesichtet, Überweisungsbriefe, Berichte und Gutachten müssen diktiert werden. Auch die Verwaltung der Praxis macht Arbeit: Ein GP ist nicht nur Arzt, sondern auch Leiter eines Betriebes von beachtlicher Größe. Außerdem ist er Arbeitgeber für die anderen Mitglieder seines Teams. Die meisten Praxen haben einen hauptamtlichen „Praxis-Manager" eingestellt, der quasi wie ein Geschäftsführer agiert.

Mehr oder weniger regelmäßig finden Meetings statt: über klinische Themen, oder auch über Arbeitsabläufe innerhalb der Praxis oder Geschäftliches. Manche großen Praxen organisieren ihre eigenen Fortbildungsveranstaltungen. Und selbstverständlich gibt es auch auf der Insel Pharmareferenten, über die jeder Kollege seine eigenen Ansichten hat.

Die effektive wöchentliche Arbeitszeit eines Vollzeit-GP's beträgt - je nach Größe und Organisation der Praxis - zwischen 40 und 50 Stunden. Die meisten Kollegen richten sich ihre Zeit so ein, dass sie einen halben Tag pro Woche frei haben.

Grundsätzlich ist ein britischer GP ein „Teamplayer" und kein Einzelkämpfer (Deutsche Kollegen, welche in Großbritannien arbeiten möchten, sollten dies unbedingt im Auge behalten.).

## Die Rolle des GP im National Health Service

Der GP ist formal selbständig, wird aber vom National Health Service (NHS) bezahlt.

Jede Praxis ist ein unabhängiger Dienstleistungsbetrieb und schließt mit dem NHS einen Vertrag ab („Independent Contractor Status"). Ein Rahmenvertrag legt landesweit Pflichten und Vergütung von GP's fest. Dieser Rahmenvertrag wurde kürzlich gründlich reformiert: Anstatt fixer Kopfpauschalen gibt es seit April 2004 eine leistungsgerechtere Bezahlung.

Zum deutschen System der Einzelleistungsvergütung bestehen dennoch nach wie vor gewaltige Unterschiede. Der neue Vertrag über „General Medical Services" definiert zunächst drei verschiedene Klassen von Dienstleistungen:

Die „Essentiellen Dienstleistungen" („Essential Services") muss jede Praxis unbedingt anbieten. Dies umfasst die primärärztliche Grundversorgung für alle bei der Praxis registrierten Patienten an Werktagen zwischen 8 und 18.30 Uhr.

Als sogenannte "Zusätzliche Dienstleistungen" („Additional Services"), bezeichnet man Leistungen, die eigentlich von den meisten Praxen angeboten werden sollten. Eine Praxis hat jedoch die Möglichkeit, diese Leistungen nicht anzubieten, wenn sie bereit ist, finanzielle Einbußen in Kauf zu nehmen. Hierzu gehören etwa Empfängnisverhütung, Betreuung von Schwangeren und jungen Müttern, Abstriche zur Vorsorge von Gebärmutterhals-

Krebs, Routine-Untersuchungen von Kleinkindern und kleine chirurgische Eingriffe. Auch die Verpflichtung zum Bereitschaftsdienst „Out of Hours", also nachts, am Wochenende und an Feiertagen fällt in diese Kategorie.

Sogenannte „Erweiterte Dienstleistungen" („Enhanced Services"), kann eine Praxis zusätzlich übernehmen und bekommt diese dann zusätzlich vergütet. Ein Teil dieser Leistungen wird eigentlich von den meisten Praxen angeboten, zum Beispiel Impfungen und Einsetzen von Intrauterin-Pessaren („Spirale"). Andere Dienstleistungen sollen von Krankenhäusern zu entsprechend qualifizierten GPs verlagert werden, zum Beispiel zusätzliche ambulante chirurgische Eingriffe bis hin zu Vasektomien (männliche Sterilisations-Operation) oder auch erweiterte apparative Diagnostik. Weitere Beispiele sind spezielle Angebote für Drogenabhängige, Alkoholabhängige oder obdachlose Patienten. Solche Aufgaben können vom örtlichen „Primary Care Trust" ausgeschrieben werden.

Seit 2004 können die Praxen „Punkte" für qualitativ gute Patientenversorgung sammeln („Quality Points"). Wenn zum Beispiel bei allen Bluthochdruck-Patienten unter den registrierten Patienten gute Blutdruckwerte gemessen worden sind, erhält die Praxis dafür „Punkte" und damit am Ende des Jahres eine Bonus-Zahlung. Punkte werden nicht nur für das Management von chronisch kranken Patienten, sondern auch für gute Organisation der Praxis und für positives Feedback von Patienten vergeben.

Dahinter stand die Idee, Ärzten einen Anreiz zu geben, mehr präventiv, also vorsorgend zu arbeiten und sie direkt für ein positives „Outcome" zu belohnen. Kritiker verweisen auf den immensen Dokumentationsaufwand, der möglicherweise zu einer erheblichen Bürokratisierung der Arbeit führen kann.

Das Einkommen einer Praxis setzt sich zusammen aus mehreren Anteilen.

Die sogenannte „Global Sum" ist eine pauschalen Vergütung für "essentielle" und "zusätzliche" Dienstleistungen, welche mindestens die Hälfte des gesamten Praxiseinkommens ausmachen sollte. Sie wird nach einer komplizierten Formel berechnet und richtet sich nach Anzahl der registrierten Patienten, ist allerdings um einen „Korrekturfaktor" gewichtet um unter anderem Altersstruktur und soziale Gegebenheiten der Praxisbevölkerung zu berücksichtigen. Sie reduziert sich entsprechend, wenn einige „zusätzliche" Dienstleistungen nicht angeboten werden (z.B. Notdienste nachts und an Wochenenden),

Hinzu kommen Vergütungen für „Erweiterte Dienstleistungen" und für erreichte "Quality Points".

Außerdem werden Gebäude- und Computerkosten durch den NHS rückerstattet.

In der Regel sind alle Partner paritätisch am Einkommen der Praxis beteiligt.

Insgesamt ist das betriebswirtschaftliche Risiko in Großbritannien bedeutend geringer ist als in Deutschland. Obwohl jeder GP formell selbständig ist, handelt er doch im staatlichen Auftrag, hat ein quasi garantiertes Mindesteinkommen und kann eigentlich nicht bankrott gehen.

Ein junger GP, der in eine bestehende Praxis einsteigt, geht oft gar kein finanzielles Risiko ein: Von einem neuen Partner "Goodwill" zu verlangen ist verboten. Wenn man Geld auf den Tisch legen muss, dann lediglich um sich in den Wert des Gebäudes einzukaufen. Bei den langfristig steigenden Immobilienpreisen kann das eine gute Investition sein. Wenn die Praxis-Räumlichkeiten gemietet sind oder wenn der Verkehrswert des Gebäudes nicht höher ist als die darauf liegende Hypothek, wird von einem neuen Partner gar kein Geld verlangt.

Erwähnenswert ist, dass es in Großbritannien die Möglichkeit gibt, auch in angestellter Position als General Practitioner zu arbeiten („Salaried GP"). Man wird in diesem Fall entweder von einer Praxis (d.h. von den Partnern) oder direkt vom „Primary Care Trust" angestellt. Als angestellter GP hat man deutlich weniger administrative Aufgaben, stattdessen geregelte Arbeitszeiten mit bezahltem Urlaub und ein Gehalt, welches ca. 20 bis 30 Prozent niedriger ist als das Einkommen eines Partners.

# Krankenhäuser

Die meisten Krankenhäuser im UK sind sehr groß und oft unübersichtlich. Einige Gebäude stammen noch aus dem neunzehnten Jahrhundert, viele aus den sechziger und siebziger Jahren des zwanzigsten Jahrhunderts und wurden seitdem ständig renoviert, an- und umgebaut. In den achtziger und neunziger Jahren des letzten Jahrhunderts sind zahlreiche kleine Krankenhäuser geschlossen oder zusammengelegt worden, seitdem gibt es oft auch in größeren Städten nur ein zentrales Krankenhaus, welches für eine Bevölkerung von mehreren hunderttausend Menschen zuständig ist. Als Patient gelangt man in der Regel auf zwei Wegen ins Krankenhaus: Entweder per Einweisung durch den Hausarzt oder als Notfall über die Notaufnahme

## Die Notaufnahme (Das Accident and Emergency Department)

Fast alle Krankenhäuser haben eine zentrale Notfall-Abteilung. Diese Abteilungen sind meistens sehr groß und tendenziell eher ungemütlich. Hier werden Schnittwunden genäht, Brüche eingerenkt, Betrunkene ausgenüchtert und Herzinfarkte behandelt. Es ist üblich, dass die meisten jungen Ärzte zu Beginn ihrer Karriere eine Weile hier arbeiten. Gearbeitet wird im Schichtdienst rund um die Uhr.

Patienten werden meistens gleich nach Ankunft kurz von einer Krankenschwester untersucht. Diese Krankenschwester teilt den Patienten je nach Dringlichkeit seines Problems in eine von fünf Kategorien ein („Triage"). So soll gewährleistet werden, dass schwer kranke Patienten schneller behandelt werden als Gesunde, die nur kleine Verletzungen haben. Trotzdem sind lange Wartezeiten von mehreren Stunden nicht ungewöhnlich. In der letzten Zeit wird vermehrt darauf geachtet, dass man nicht länger als vier Stunden warten soll, aber dieses Ziel kann nicht immer eingehalten werden.

## Die Aufnahmestation (Medical / Surgical Admissions Unit)

Meist in räumlicher Nähe des Accident and Emergency Departments befindet sich die Aufnahmestation für „geplante" Aufnahmen, also für Patienten, die vom Hausarzt eingewiesen werden. Manchmal ist die Aufnahmestation auch Teil der Notaufnahme. Hier werden neue Patienten von meist jungen Ärzten erstmalig untersucht und dann auf die eigentlichen Stationen weitervermittelt.

## Die Krankenstationen

Ein wesentlicher Unterschied zu deutschen Krankenhäusern besteht in der Tatsache, dass in Großbritannien oft noch große Krankensäle mit bis zu 20 Betten (und mehr) vorhanden sind. Der Trend geht aber auch hier zu kleineren Einheiten. Manchmal liegen Männer und Frauen in einem Saal zusammen. Jedes einzelne Bett ist jedoch von einem Vorhang umgeben, so dass zumindest ein Sichtschutz möglich ist – natürlich kein Schallschutz. Bezüglich Ausstattung und Sauberkeit gibt es große Unterschiede – aber das ist in Deutschland ja auch nicht anders.

Die Funktionsbereiche (OP, Röntgen, apparative Diagnostik, Intensivstation) sehen im UK nicht wesentlich anders aus als in Deutschland, auch der Standard ist in etwa vergleichbar.

## Das Out Patients Department

Da in britischen Krankenhäusern auch ambulante Untersuchungen und Behandlungen durchgeführt werden, gibt es hierfür in der Regel einen eigenen Trakt mit Warteräumen und Sprechzimmern. Hier gibt es feste Sprechzeiten und man braucht einen Termin, um dort untersucht oder behandelt zu werden.

Meistens wird man zunächst von einem jüngeren Arzt, der sich noch in seiner Weiterbildung befindet, untersucht und anschließend noch einmal von einem erfahrenen Facharzt gesehen.

# Walk In Centres, NHS Direct, Out of Hours Care

Um den Druck auf Hausärzte und Krankenhäuser zu entlasten, ist der NHS seit den neunziger Jahren einige kreative Wege gegangen.

Einer davon sind die Walk-In-Centres, das sind meistens in Großstädten oder Ballungsgebieten gelegene Behandlungszentren, in denen man sich während der Öffnungszeiten ohne Termin direkt behandeln lassen kann.

Hier wird man in der Regel nicht von Ärzten, sondern von speziell weitergebildeten Krankenschwestern behandelt. Falls das Problem komplizierter erscheint, wird man entweder ins Krankenhaus oder um Hausarzt weiterverwiesen.

NHS Direct ist ein telefonischer Beratungsdienst. Speziell ausgebildete Krankenschwestern geben rund um die Uhr Auskunft zu medizinischen Problemen.

NHS Direct arbeitet eng mit dem hausärztlichen Notdienst zusammen. Seit 2004 sind die Hausärzte nicht mehr verpflichtet, nachts und am Wochenende zur Verfügung zu stehen. Seither obliegt es den jeweiligen Primary Care Trusts, einen Notdienst zu organisieren.

Die Art und Weise der Organisation und auch die Qualität sind seither regional sehr unterschiedlich. In einigen Regionen wird der Notdienst inzwischen von privaten Firmen im Auftrag des NHS durchgeführt.

# Wie gut oder wie schlecht ist der NHS?

Der NHS hat ein begrenztes Budget. Im Vergleich zu anderen europäischen Ländern sind die Gesundheitsausgaben in Großbritannien eher gering. Der NHS muss also mit seinen Mitteln wirtschaftlich und rationell umgehen, das heißt, er muss Prioritäten setzen und seine Leistungen rationieren.

Die Versorgung von akuten Notfällen ist in Großbritannien grundsätzlich nicht wesentlich schlechter als in Deutschland – zumindest was die letztendlichen Ergebnisse, also die Überlebensraten angeht. Allerdings wird, wenn irgend möglich, auf überflüssige Untersuchungen und vor allem auf Doppeluntersuchungen verzichtet.

Grundsätzlich werden alle Leistungen, die sinnvoll sind – also wissenschaftlich erwiesen und „evidenzbasiert" – vom NHS auch finanziert. Besonderer Wert wird auf präventive, also vorbeugende Maßnahmen gelegt. So werden zum Beispiel in Großbritannien Mittel zur Raucherentwöhnung vom NHS bezahlt. In Deutschland sind die Krankenkassen der Ansicht, dass dies die Privatsache eines jeden Einzelnen ist und somit privat zu bezahlen ist. In Großbritannien hingegen erkennt man, dass ein Patient, welcher das Rauchen aufgibt, langfristig dem NHS eine Menge Kosten erspart.

„Rationiert" wird hingegen bei Leistungen, die zwar sinnvoll sind, aber nicht unbedingt dringend. Das klassische Beispiel sind etwa chronische Gelenkerkrankungen. Patienten mit Verschleißerscheinungen an den Hüftgelenken müssen nach wie vor sehr lange ihre Schmerzen ertragen und lange auf eine Operation warten.

# Der Private Sektor

In Deutschland ist man entweder über die gesetzliche Krankenkasse oder privat versichert. Im UK hat grundsätzlich jeder Mensch einen Anspruch auf Leistungen im Rahmen des NHS. Privatversicherungen sind also Zusatzversicherungen.

Sie können sinnvoll sein, wenn man Wert auf eine Behandlung legt, die über die Grundversorgung hinaus geht. Das betrifft meistens die Behandlung durch Spezialisten. Während man im Rahmen des NHS oft Wochen- bis monatelang auf einen Termin bei einem Spezialisten warten muss, bekommt man als Privatpatient innerhalb von wenigen Tagen einen Termin. Auch auf planbare, weniger dringende (sogenannte „elektive") Operationen wie z.B. Leistenbrüche braucht ein Privatpatient im Gegensatz zum NHS-Patienten nur selten zu warten. Operationen und stationäre Behandlung werden in speziellen Privatkrankenhäusern durchgeführt, die von Standard und Ausstattung oft eher Hotels der oberen Preisklassen ähneln. Allerdings bieten diese Privatkrankenhäuser in der Regel keine Notfallversorgung. Die Ärzte arbeiten meistens gleichzeitig auch noch in NHS-Krankenhäusern. Inzwischen gibt es auch in vielen NHS-Krankenhäusern Privatstationen mit entsprechendem Standard.

Die hausärztliche Versorgung liegt nach wie vor fast ausschließlich in den Händen von NHS-Hausärzten. Es gibt aber mittlerweile einige private Hausarztpraxen: diese versorgen überwiegend Ausländer, die keinen Anspruch auf NHS-Versorgung haben oder sie bieten zusätzliche Leistungen, die er NHS nicht anbietet (z.B. naturheilkundlich orientierte Behandlung).

# Zahnärztliche Versorgung

Zwar ist die zahnärztliche Versorgung prinzipiell auch durch den NHS abgedeckt, allerdings sind immer weniger Zahnärzte bereit, für den NHS zu arbeiten. Bei NHS Zahnärzten gibt es meist lange Wartezeiten und viele nehmen keine neuen Patienten mehr an. So bleibt oft keine andere Wahl, als einen privaten Zahnarzt aufzusuchen.

Die zahnärztliche Notdienstversorgung ist nicht überall zufriedenstellend gewährleistet, so dass viele Patienten nachts und an Wochenenden mit Zahnschmerzen ihren GP aufsuchen oder sich in der Krankenhaus-Notaufnahme vorstellen.

Da diese aber über keine zahnärztliche Ausbildung verfügen können sie leider abgesehen von der Gabe von Schmerzmedikation nicht viel machen.

# Zweiter Teil:

## Eine Gebrauchsanweisung

### Wie findet man einen Hausarzt?

Jeder, der sich längere Zeit im UK aufhält oder dies vorhat sollte sich bei einem Hausarzt „registrieren" lassen, auch wenn er zurzeit keine medizinischen Probleme oder Beschwerden hat. Sollte man irgendwann einmal doch medizinische Hilfe benötigen, dann geht vieles leichter, wenn man bei einem GP registriert ist.

Prinzipiell hat man auch in Großbritannien die freie Arztwahl – auch wenn man diesen Begriff hier eher selten hört.

### Wie „registriert" man sich bei einem Hausarzt?

Man kann sich nur bei einem Arzt an seinem Wohnort registrieren lassen. Das heißt: Wohnort und Arztpraxis müssen im Bereich des gleichen Primary Care Trusts liegen. Abgesehen davon haben viele Praxen „ihren" Einzugsbereich – ihre „Practice Area" - klar definiert und nehmen nur neue Patienten auf, welche innerhalb der Grenzen dieses Stadtteiles oder einiger Dörfer liegen. Im städtischen Bereich überschneiden sich die Einzugsbereiche der Arztpraxen oft während man im ländlichen Bereich manchmal keine wirkliche Auswahl hat.

Hinzu kommt, dass nicht alle Praxen neue Patienten annehmen. Manche haben ihre Listen wegen Überfüllung „geschlossen".

Man kann bei der Gemeinde oder beim zuständigen PCT anrufen (Telefonnummern über die NHS-Webseite oder im Telefonbuch) und sich erkundigen, welche Praxen neue Patienten aufnehmen.

Wenn man eine Praxis gefunden hat, muss man sich dort registrieren.

Man sollte vorher anrufen und fragen, welche Dokumente man hierzu mitbringen muss. Es kann sein, dass man seinen Reisepass oder eine andere Photo-ID mitbringen soll. In der Regel muss man außerdem nachweisen, dass man auch tatsächlich im Einzugsbereich wohnt. Als „proof of residence" benötigt man, da es im UK kein Meldewesen gibt, mehrere „utility bills", also Rechnungen für Gas, Wasser, Strom oder Festnetz-Telefon (keine Handy-Rechnungen!). Wer bereits eine National Insurance Number hat, sollte die entsprechende Karte ebenfalls mitbringen, andernfalls sollte man sich darum kümmern, eine National Insurance Number zu beantragen.

Mit diesen Formularen bewaffnet geht man also zur Praxis, füllt ein paar Formulare aus und bekommt einige Tage später eine „Medical Card", zugeschickt – ein zweimal postkartengroßes Stück Papier.

Auf der Medical Card ist dann die NHS-Nummer angegeben, welche einen von nun ab ständig begleiten wird.

Anschließend wird man möglicherweise zu einer Eingangsuntersuchung, einem „New Patient Check" eingeladen.

Wenn man chronische Gesundheitsprobleme hat oder regelmäßig Medikamente einnehmen muss, sollte man diese zu dem Termin mitbringen.

Sobald man bei einem GP registriert ist, wird man gegebenenfalls zu den üblichen Routine-Vorsorgeuntersuchungen eingeladen. Frauen, welche zwischen 20 und 65 Jahre alt sind, haben alle drei Jahre die Möglichkeit, an Krebsvorsorgeuntersuchungen (Gebärmutterhals-Krebs Vorsorge-Abstrich = „Smear") mitzumachen. Die Eltern von Kindern werden über anstehende Impfungen benachrichtigt. Wer chronische

Gesundheitsprobleme wie Asthma, hohen Blutdruck oder ähnliches hat, kann an regelmäßigen Verlaufskontroll-terminen teilnehmen.

Jede Praxis informiert in einer kleine Broschüre oder einem Merkblatt („Practice Leaflet") über ihr Leistungsangebot.

## Wie bekommt man einen Termin?

Wenn man einen Arzt sehen möchte, muss man in der Regel einen Termin vereinbaren. Wer ohne Termin „hereinschneit" wird in nur in wirklich dringenden Notfällen behandelt. Nur ganz wenige Praxen bieten eine „Open Surgery" ohne Terminabsprache an.

Termine kann man in der Regel telefonisch vereinbaren, selbstverständlich kann man auch persönlich vorbeikommen. Manche Praxen bieten auch die Möglichkeit, per Email oder direkt über die Praxis-Webseite einen Termin zu buchen.

Wer nur ein Wiederholungsrezept abholen möchte, braucht hierfür keinen Termin, Rezepte können telefonisch oder schriftlich bestellt und dann abgeholt werden.

## Welcher Arzt ist zuständig?

In den meisten Hausarztpraxen arbeiten mehrere Ärzte. Einzelpraxen („Single Handed") sind die absolute Ausnahme. Ein Patient kann sich unter diesen Ärzten einen bevorzugten Ansprechpartner auswählen. Ist bei diesem gerade kein Termin frei, so hat der Patient die Wahl, entweder einen anderen Arzt zu sehen oder eben zu warten.

Grundsätzlich gilt: alle Ärzte sind für alle Patienten gleichermaßen verantwortlich. Die in Deutschland manchmal anzutreffende Anschauung, nach der ein Arzt „seine" Patienten als „Privatbesitz" betrachtet (oder auch umgekehrt...) ist im UK nicht üblich.

## Warum sehe ich jedes Mal einen anderen Arzt?

Die Arzt-Patienten-Bindung ist im UK grundsätzlich weniger eng als in Deutschland – britische Patienten gehen auch deutlich seltener zum Arzt. Das liegt möglicherweise auch an dem anderen Vergütungssystem: Einem britischen Hausarzt ist grundsätzlich daran gelegen, dass seine Patienten sich bei Bagatellverletzungen selbst behandeln oder mit einer telefonischen Beratung zufrieden sind. Im Gegenzug nimmt er sich dann für den einzelnen Termin mehr Zeit: Die Konsultation dauert im Durchschnitt zehn Minuten (und es kann auch schon mal eine halbe Stunde sein...) und der Arzt lässt sich in der Regel nicht durch Telefongespräche oder anklopfende Mitarbeiterinnen unterbrechen.

## Warum sehe ich nur eine Krankenschwester und keinen Arzt?

Der britische Hausarzt sieht sich als Teil eines Teams.

In den meisten Praxen arbeiten gut ausgebildete Krankenschwestern, welche sehr selbständig arbeiten und Dinge wie Verbandswechsel aber auch Routine-Checks weitgehend in Eigenregie durchführen.

Hinzu kommen Hebammen und Krankengymnasten. Ein „Counsellor" bietet psychotherapeutisch orientierte Beratungsgespräche an – ist jedoch nicht unbedingt ein Psychotherapeut im deutschen Sinne.

Grundsätzlich bieten alle Hausärzte auch Hausbesuche an – jedoch nur dann, wenn dies aus medizinischen Gründen notwendig ist. Hierbei arbeitet man eng mit den „District Nurses" bzw. „Community Nurses", also den ambulanten Krankenschwestern zusammen.

# Was tu ich im Notfall?

## Was tu ich bei einem lebensbedrohlichen Notfall? Wie lautet die Notrufnummer?

Die einheitliche Nummer für Notfälle aller Art ist im UK die **999**. Die internationale Notrufnummer 112 ist ebenfalls möglich, Anrufe werden unverzüglich auf die 999 weitergeleitet. Beide Nummern sind kostenlos von Festnetz, Telefonzellen oder Handy (mobile phone). Sie sind allerdings nicht erreichbar über VOIP (Voice over IP) Dienste, wie z.B. Skype.

### Was passiert, wenn man die 999 anruft?

Zunächst meldet sich ein Operator (Vermittlung) und fragt, welchen Dienst man benötigt: „Which Service Do you require?"

Im Falle eines medizinischen Notfalles ist die Antwort: „Ambulance (please!)" = Krankenwagen.

(Alternativen wären z.B. Feuerwehr - „Fire Fighter", Polizei - „Police", Küstenwache - „Coast Guard" usw.)

Anschließend wird man gefragt, wo sich der hilfebedürftige Patient befindet.

Idealerweise sollte man den Post Code des Hauses wissen Falls man von einer Telefonzelle anruft, kann man auch deren Standortnummer angeben. Unmittelbar nach Nennung der Adresse wird der Krankenwagen losgeschickt. Man sollte jedoch noch nicht auflegen und wird gebeten, weitere Angaben zu machen:

Ist der Patient bei Bewusstsein („Conscious")? Atmet er? Hat er äußerlich sichtbare Verletzungszeichen?

Wichtig: Erst auflegen, wenn man dazu aufgefordert wird und gegebenenfalls eine Rückrufnummer angeben (falls die Rufnummer nicht übertragen wird).

Eigentlich selbstverständlich: Bis zum Eintreffen des Krankenwagens sollte man bei dem Verletzten bleiben und die Anweisungen befolgen.

Ebenfalls Selbstverständlich: Vom 999-Notruf sollte man wirklich nur bei dringenden Notfällen Gebrauch machen.

Gut zu wissen: Es besteht prinzipiell auch die Möglichkeit, in Fremdsprachen zu kommunizieren.

## Was ist NHS Direct.?

NHS Direct ist ein telefonischer Auskunftsdienst für Gesundheitsfragen und ist rund um die Uhr erreichbar für medizinische Ratschläge aller Art – egal ob Kleinigkeiten oder dringende Anliegen.

Die Nummer in England und Wales ist 0845 4647. In Schottland heißt der Dienst „NHS 24", die Rufnummer ist:0845 4 242424. Anrufe sind nicht kostenlos – es entstehen Gesprächsgebühren für ein Ortsgespräch (beim Anruf vom Handy aus entstehen in der Regel höhere Gebühren, die natürlich von den entsprechenden Tarifbedingungen des Netzbetreibers abhängig sind).

## Wie funktioniert NHS Direct?

Wenn man NHS Direct anruft, wird man in der Regel gebeten, seine Personalien und eine Rückrufnummer anzugeben. Man kann selbstverständlich auch eine Handy-Nummer angeben (ein völlig anonymer Kontakt ist allerdings normalerweise nicht möglich). Eskann übrigens passieren, dass man zunächst eine Weile in einer Warteschleife hängt. Wenn es sich um einen dringenden, lebensbedrohlichen Notfall handelt und man nicht warten möchte, kann und sollte man erwägen, aufzulegen und 999 anzurufen. Wenn es nicht ganz so dringend ist, dann bitte entweder warten oder es zu einem späteren Zeitpunkt nochmal probieren.

Grundsätzlich wird man nach Angabe von Personalien und Rückrufnummer innerhalb der nächsten halben Stunde (in Stoßzeiten kann es auch einmal etwas länger dauern) zurückgerufen. Nur in dringenden Fällen wird man direkt durchgestellt, dann wird man aber möglicherweise auf die Notrufnummer 999 weitergeleitet oder gebeten, diese anzurufen.

Am anderen Ende der Leitung ist eine Krankenschwester. Diese Krankenschwestern sind in speziellen Lehrgängen für diese Aufgabe weitergebildet worden und normalerweise echte Expertinnen.

Sie arbeiten in regionalen Call-Centern, sie kennen sich also in der Regel mit den örtlichen Gegebenheiten aus. Allerdings ist es nicht unüblich, dass ein Call-Center eine Bevölkerung von mehreren hunderttausend Einwohnern betreut. In Stoßzeiten kann es passieren, dass man zu weiter entfernten Call-Centern weitergeleitet wird.

Nachdem der Patient (oder der Angehörige) am Telefon sein Problem geschildert hat, stellt man ihm eine Reihe von Fragen. Diese Fragen vollziehen sich nach einem strengen computergestützten Algorithmus, welcher der Krankenschwester hilft, über das weitere Vorgehen zu entscheiden. Die entsprechende Software wird ständig weiterentwickelt und „lernt" aus bisherigen Fällen.

Am Ende des Gespräches gibt es mehrere Möglichkeiten: Wenn sich herausgestellt hat, dass das Problem doch nicht ganz so dringend ist wie es anfangs den Anschein hatte und der Patient mit dem Ratschlag (z.B. Empfehlung zur Selbstmedikation) zufrieden ist, dann belässt man es dabei. Gegebenenfalls kann der Patient zu einem späteren Zeitpunkt den eigenen Hausarzt kontaktieren.

Wenn es jedoch ratsam erscheint, einen Arzt zu sehen, dann werden die Informationen an den diensthabenden Arzt weitergeleitet. Tagsüber (montags bis freitags von 8 bis 18 Uhr) ist dies der Hausarzt (GP), bei welchem der entsprechende Patient registriert ist. Ist der Patient nicht bei einem GP registriert, so wird die NHS-Direct-Krankenschwester einen in der Nähe befindlichen GP ausfindig machen.

Abends und an Wochenenden ist der hausärztliche Notdienst (Out of Hours GP) zuständig. NHS Direct und Out of

Hours GP arbeiten oft Hand in Hand, oft auch von denselben Räumlichkeiten aus.

In Einzelfällen kann die NHS-Direct-Krankenschwester auch empfehlen, die nächstgelegene Krankenhaus-Notaufnahme (Accident and Emergency) aufzusuchen.

Diese Telefontriage ist für Deutsche etwas gewöhnungsbedürftig, da zumindest auf den ersten Blick sehr unpersönlich, sie hilft jedoch, einen Hilfsbedürftigen in die richtige Richtung zu leiten und die begrenzten Ressourcen des Gesundheitssystems optimal zu nutzen.

In Wales ist der Dienst auch in walisischer Sprache verfügbar. Außerdem wird der Dienst landesweit in mehreren Fremdsprachen angeboten, darunter mehrere indische Sprachen, türkisch und polnisch, jedoch leider nicht auf deutsch.

# An wen wende ich mich, wenn ich dringend einen Arzt sehen möchte, es aber nicht unbedingt lebensbedrohlich ist?

Grundsätzlich ist auch in dringenden Fällen der Hausarzt der erste Ansprechpartner.

Ausnahmen hiervon sind schwere, lebensbedrohliche Notfälle und Unfälle. Grundregel: alles, was stärker blutet oder gebrochen sein könnte gehört auf jeden Fall ins Krankenhaus. Ebenso Patienten, die plötzlich und unerwartet das Bewußtsein verloren haben oder eingetrübt sind.

Wochentags zwischen 8 Uhr früh und 18 Uhr ist grundsätzlich jede Hausarzt-Praxis selbst für Notfälle verantwortlich. Man ruft einfach in „seiner" Praxis an und bittet um einen (dringenden) Termin. Wenn alle Termine „ausgebucht" sind, wird man in der Regel gebeten, seine Telefonnummer anzugeben und wird vom „diensthabenden" Arzt der Praxis zurückgerufen. Dieser entscheidet dann, ob der Patient doch noch ohne Termin in der Praxis behandelt werden kann, ob ein Hausbesuch notwendig ist oder ob es bis zum nächsten Tag warten kann.

## Machen Ärzte auch Hausbesuche?

Wichtig ist zu wissen, dass britische Hausärzte mit Hausbesuchen in der Regel wesentlich zurückhaltender sind als in Deutschland. Es ist zum Beispiel nicht möglich einen Hausbesuch ohne weiteres „zu bestellen". Fast in jedem Fall ist eine vorherige telefonische Rücksprache zwischen Hausarzt und Patient oder Angehörigem. Grundsätzlich gilt, dass jeder „transportfähige" Patient in die Praxis kommen sollte, auch wenn dies mit Unbequemlichkeiten verbunden sein sollte.

Kleine Kinder gelten meist grundsätzlich als „transportfähig", ebenso junge Menschen mit Übelkeit, Erbrechen, Fieber oder Rückenschmerzen. Wer kein Auto zur Verfügung hat, wird gebeten, sich von Freunden oder Verwandten bringen zu lassen oder ein Taxi zu nehmen.

## Was tut man, wenn man keinen Hausarzt hat?

Menschen, die nicht bei einem GP registriert sind, können sich im Notfall an jede andere Praxis wenden („Immediate Necessary Treatment"), das gilt auch, wenn man auf Reisen ist („Temporary Resident"). Eine Praxis ist jedoch nicht unbedingt verpflichtet, jemanden als „Temporary Resident" oder „Immediate Necessary Treatment" zu akzeptieren.

Hier kann es ab und zu Probleme geben (insbesondere wenn man einen Haus- bzw. Hotelbesuch verlangt).

Die Praxis wird grundsätzlich prüfen, ob man überhaupt zur Behandlung auf NHS-Kosten berechtigt ist, Ausländer sollten also die Europäische Krankenversicherungskarte oder die Krankenversicherungskarte ihres Heimatlandes und gegebenenfalls einen Ausweis oder Reisepass dabei haben.

Andernfalls können auch NHS-GPs auf Privatliquidation bestehen.

Wer als Ausländer von vornherein bereit ist, privat zu bezahlen, wird hingegen sicherlich in den meisten Praxen gerne gesehen (deutsche Privatversicherungen übernehmen solche Kosten in der Regel prompt).

## Wer ist nachts oder am Wochenende zuständig?

Seit 2004 liegt die Verantwortung für den Notdienst abends und nachts (werktags zwischen 18:00 und 08:00) und am Wochenende nicht mehr bei den einzelnen Hausärzten, sondern bei dem jeweiligen Primary Care Trust (PCT).

Die PCTs haben daher in den letzten Jahren großräumige Netzwerke aufgebaut, deren Struktur und auch Qualität teilweise sehr unterschiedlich ist.

Die allgemeine Bezeichnung für den Hausärztlichen Notdienst lautet „General Practice Out of Hours Service". , kurz GP-OOH. Darüberhinaus gibt es außerdem lokal unterschiedliche Bezeichnungen wie z.B. „Urgent Care" oder „Unscheduled Care")

## Wie benachrichtige ich den hausärztlichen Notdienst (Out of Hours - GP)?

Auch im Notfall ruft man zunächst die Nummer „seines" Hausarztes an. Hier läuft dann ein Anrufbeantworter auf welchem die Nummer des Notdienstes angegeben ist. Dies kann, muss aber nicht die Nummer von NHS Direct sein.

Dort wird man gebeten, sein Anliegen kurz zu schildern und anschließend seine Personalien und eine Rückrufnummer anzugeben. Die Telefonistin reicht die Angaben dann an einen der diensthabenden Ärzte weiter.

Man wird dann zurückgerufen.

Normalerweise sollte dies innerhalb der nächsten Stunde geschehen. Wenn man Pech hat, kann es allerdings länger dauern. Wie schnell es geht, hängt ab von der Tageszeit, der Personalsituation in der Notdienstzentrale und natürlich dem aktuell anfallenden Arbeitsaufkommen.

Heutzutage ist eine Notdienstzentrale oft für einen Einzugsbereich von mehreren hunderttausend Einwohnern zuständig. In diesem Gebiet sind mehrere Ärzte an verschiedenen Standorten ausschließlich für die telefonische Beratung zuständig (im Fachjargon „Triage" genannt).

Manche Patienten haben zuvor schon ausführlich mit einer NHS-Direct-Krankenschwester gesprochen, ihnen ist dann oft unverständlich, warum sie nun ihre Beschwerden erneut am Telefon schildern sollen. Der Arzt bekommt von der NHS-Direct-Krankenschwester in der Regel nur eine kurze schriftliche Zusammenfassung des Gespräches. Manchmal – aber nicht immer – hat er auch die Gelegenheit, das komplette Gesprächsprotokoll einzusehen. Seine Aufgabe ist es, zu entscheiden, ob der Patient dringend gesehen werden muss und wie dringend das Anliegen ist.

Dann wird man möglicherweise gebeten, in eines von mehreren Behandlungszentren zu kommen. Diese Behandlungszentren befinden sich oft in Krankenhäusern, oft in der Nähe der Notaufnahme. Manchmal bekommt man einen

Termin, manchmal wird man gebeten, zu kommen und zu warten bis man an der Reihe ist.

Eventuell ist auch ein Hausbesuch notwendig – aber hier gilt auch das schon zuvor gesagte: Hausbesuche sind für den Arzt ungleich aufwändiger als Termine im Behandlungszentrum und sollten daher den wirklich bedürftigen und immobilen Patienten (also den wirklich bettlägerigen und alten Menschen) vorbehalten bleiben.

Es ist auch möglich, dass der Arzt der Ansicht ist, dass es durchaus vertretbar ist, bis zum nächsten Tag zu warten. Wenn man als Patient damit nicht zufrieden ist, sollte man dies sofort sagen und bekommt dann normalerweise einen Behandlungstermin angeboten.

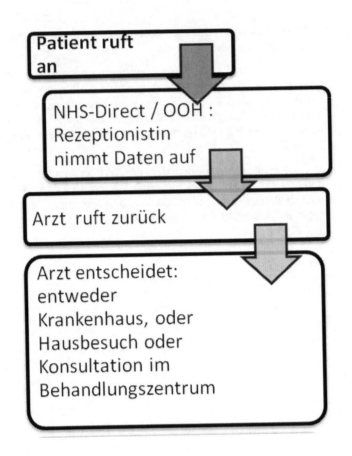

Patient ruft an

NHS-Direct / OOH :
Rezeptionistin
nimmt Daten auf

Arzt ruft zurück

Arzt entscheidet:
entweder
Krankenhaus, oder
Hausbesuch oder
Konsultation im
Behandlungszentrum

# Was mache ich, wenn ich schwanger bin?

Frauen, die vermuten, daß sie schwanger sein könnten, werden natürlich nach Ausbleiben der Regelblutung zunächst einen eigenen Schwangerschaftstest machen (die Teststreifen gibt es in jeder Drogerie oder Apotheke).

Ist der Test positiv, wird man sich bei seinem General Practitioner vorstellen. Der GP wird die Patientin über den weiteren Ablauf informieren und den Geburtstermin ausrechnen. Gegebenenfalls wird er die Patientin kurz untersuchen (Blutdruck, Bauch abtasten – viel mehr nicht.) und eventuell den Schwangerschaftstest wiederholen (Teststreifen oder Bluttest). Eine gynäkologische Untersuchung oder gar Ultraschall sind nicht üblich.

Eine Schwangere ist von der Zuzahlung für Medikamente (Prescriptin Charge) befreit, genießt Kündigungsschutz und einige weitere Rechte – entsprechende Informationsblätter gibt's beim GP (oder auf www.patient.co.uk)

Anschließend wird der GP für die Patientin ein „Booking Appointment" mit der Praxis-Hebamme vereinbaren. Dieser Termin sollte etwa um die 16. Schwangerschaftswoche herum stattfinden. Die Hebamme ist im weiteren Verlauf der Schwangerschaft die Hauptansprechpartnerin für die Patientin. Der GP wird nur bei Problemen hinzugezogen. Im Verlauf der Schwangerschaft werden – regional unterschiedlich – etwa zwei oder drei Ultraschalluntersuchungen (Ultrasound Scans) durchgeführt. Etwa um die 12. Schwangerschaftswoche herum gibt es einen „Dating Scan", um den Geburtstermin genauer zu bestimmen. Etwa in der 20. Woche wird ein weiterer Scan durchgeführt um nach möglichen Mißbildungen zu schauen. Oft wird dann etwa um die 30., manchmal auch um die 36. Woche herum in einem dritten Scan das Wachstum und die weitere Entwicklung des Kindes beurteilt. In einigen Regionen wird auch nur ein einziger Scan durchgeführt, dieser dann um die 20. Woche.

Zu diesen Untersuchungen wird die Patientin zum örtlichen Krankenhaus überwiesen. Die Untersuchung wird oft nicht vom Arzt, sondern von einem „Technichian" – also einer MTA (medizinisch technischen Assistentin) durchgeführt. Manchmal, aber nicht immer bekommt man Bilder ausgedruckt. In manchen Krankenhäusern wird das Geschlecht des Kindes prinzipiell nicht bekanntgegeben – in anderen Krankenhäusern schon, wenn man danach fragt. „Baby Fernsehen", also zusätzliche Ultraschalluntersuchungen ohne wichtige medizinische Indikation ist im UK nicht üblich.

Es ist möglich, dass die Schwangere im Laufe der gesamten Schwangerschaft nicht ein einziges Mal einen Gynäkologen sieht – die gesamte Betreuung liegt dann in den Händen von Hebamme und GP („GP led care" bzw. „Midwife led care"). Oft wird die Schwangere jedoch beim Gynäkologen („Consultant Gynaecologist" bzw. „Consultant Obstetrician") im Out Patients Department des örtlichen Krankenhauses vorgestellt – das ist etwa bei den meisten Erstgebärenden der Fall („Shared Care"). Eher selten – eigentlich nur bei Risikoschwangerschaften – obliegt die gesamte Betreuung ausschließlich dem Gynäkologen („Consultant led care").

Fast alle Geburten finden im Krankenhaus statt, viele Geburten unter ausschließlicher Betreuung der Hebamme. Ein Arzt wird nur bei Problemen hinzugezogen. Gemeinde-Hebammen und Krankenhaushebammen arbeiten meist eng zusammen.

## Weitere Informationen zur Schwangerschaft und Geburt:

http://www.deutsche-in-london.net/Schwanger-in-England.239.0.html - Erfahrungsbericht einer deutschen Schwangeren sowie zahlreiche weitere Links (einige der obenstehenden Informationen stammen von dieser Seite – Dank an die Userin „Kenniblue")

www.emmasdiary.co.uk – fiktives Tagebuch einer Schwangeren, wichtige Informationen sind recht unterhaltsam „nebenbei" eingestreut.

www.nct.org.uk – der „National Childbirth Trust", führt unter Anderem Geburtsvorbereitungskurse („Ante Natal Classes") durch

# Wer behandelt Kinder?

Auch die Behandlung von Kindern ist in der Regel Aufgabe des Hausarztes (GP) – in Zusammenarbeit mit anderen Mitarbeiterinnen und Mitarbeitern seines Teams.

In den ersten Tagen nach der Geburt eines Babys wird die junge Mutter – sofern sie es wünscht – von der Praxis-Hebamme besucht. Wenige Tage später hat sie dann zum ersten Mal Kontakt mit dem „Health Visitor" – das sind Krankenschwestern, welche eine besondere Weiterbildung absolviert haben und für junge Familien mit Kindern bis zum fünften Lebensjahr (also Baby, Kleinkind und Vorschulalter) zur Verfügung stehen – ihr Schwerpunkt ist die Gesundheitsvorsorge.

Wenn das Neugeborene etwa 6 Wochen alt ist, wird der Hausarzt die einzige Routineuntersuchung durchführen. Ein System, ähnlich den deutschen U-Untersuchungen gibt es im UK nicht. Allerdings werden Babys und Kleinkinder regelmässig zu Impfterminen eingeladen. Die Impfungen werden meist entweder von der Praxis-Krankenschwester oder vom Health Visitor durchgeführt. Bei den Gelegenheiten werden die Kinder meistens auch gewogen und gemessen.

Für die „normalen" Kinderkrankheiten – Husten, Schnupfen, Halsschmerzen und Durchfall – ist der GP der erste Ansprechpartner. Erst wenn es komplizierter wird – etwa bei vermuteten Entwicklungsstörungen – wird der GP die jungen Patienten zum Kinderarzt überweisen.

Übrigens werden Kinder fast immer in der Praxis behandelt. Viele GPs lehnen Hausbesuche zu Kindern ab – Kinder gelten grundsätzlich als „transportfähig", auch wenn sie an Fieber, Durchfall oder erbrechen leiden und wenn es für junge Mütter logistisch nicht einfach ist, einen Trip zur Praxis zu organisieren.

## Wer berät mich in Fragen rund um Empfängnisverhütung und gynäkologische Krebsvorsorge? Warum gibt es keine niedergelassenen Gynäkologen?

Sowohl Empfängnisverhütung als auch die gynäkologische Krebsvorsorgeuntersuchungen fallen in den Zuständigkeitsbereich des Hausarztes (GP).

Die Verschreibung der „Pille" („Oral Contraceptive Pill" – OCP) ist relativ unkompliziert: Bei der ersten Verschreibung wird lediglich nach der Vorgeschichte gefragt (Früher schon einmal die Pille eingenommen? Irgendwelche Probleme? Vorgeschichte von Migräne, Thrombosen oder Blutgerinnungsstörungen), der Blutdruck gemessen und der Umgang mit der Pille erklärt. Vor der Ausstellung von Wiederholungsrezepten wird lediglich der Blutdruck gemessen und gefragt, ob es Probleme gegeben hat. In der Regel braucht man nur zweimal im Jahr in die Praxis zu kommen und bekommt jedes Mal ein Rezept für 6 Monate. Gelegentlich kann auch die Praxis-Krankenschwester die Rezepte ausstellen.

Auch die 3 Monats-Spritze wird vom Hausarzt verabreicht. Manche, aber nicht alle Hausärzte setzen auch Intraunterinpessare ein (Die sogenannte „Spirale" bzw. „Coil", korrekter ausgedrückt: „Intrauterine Contraceptive Device/System" – IUD oder IUS).

Die „Pille danach" („Emergency Contraception" bzw. „Morning after Pill") bekommt man ebenfalls problemlos beim Hausarzt.

Eine Alternative sind die sogenannten „Family Planning Clinics", welche in einigen Krankenhäusern oder auch anderen Einrichtungen angeboten werden (auch manche GP-Praxen richten manchmal eine spezielle „Family Planning"-Sprechstunde ein).

Die gynäkologische Krebsvorsorge ist unabhängig von der Verschreibung von Verhütungsmitteln. Frauen im gebärfähigen Alter, welche bei einem GP registriert sind, werden alle 3 Jahre zu einer Routine-Unterschung eingeladen. Die Abstände sind somit wesentlich größer als in Deutschland üblich. Es gibt wissenschaftliche Studien, welche nachweisen, dass ein dreijähriger Abstand ausreicht, die Sterblichkeit an Gebärmutterhalskrebs ist in beiden Ländern etwa vergleichbar.

Falls beim Abstrich Auffälligkeiten festgestellt werden, wird man natürlich benachrichtigt, je nach Ergebnis wird die Untersuchung dann entweder wiederholt oder man wird gleich zum Gynäkologen überwiesen.

Die Untersuchung und der Abstrich wird oft von der Practice Nurse und nicht vom Arzt durchgeführt. Den in Deutschland üblichen gynäkologischen Stuhl findet man im UK nicht.

Wenn ein männlicher Arzt eine gynäkologische Untersuchung durchführt, ist es üblich, dass eine Krankenschwester oder eine andere weibliche Begleitperson („Chaperone") anwesend ist. Der Arzt sollte dies eigentlich von sich aus anbieten, falls nicht, kann die Patientin darauf bestehen.

# Sind Abtreibungen in Großbritannien möglich?

Die Rechtslage zum Schwangerschaftsabbruch („Abortion" oder „Termination of Pregnancy" – TOP) ist in Großbritannien wesentlich liberaler als in Deutschland. Grundsätzlich ist eine Abtreibung bis zur 24. Schwangerschaftswoche möglich; später nur dann, wenn akute Lebensgefahr für die Schwangere besteht. Die unkomplizierteren Methoden werden in der Regel nur bis zur 12. Schwangerschaftswoche praktiziert. Nach der 16.Woche besteht für die Schwangere ein erhebliches Gesundheitsrisiko.

Ein Schwangerschaftsabbruch muss entweder in einem Krankenhaus oder in einer zugelassenen ambulanten Einrichtung durchgeführt werden. Grundsätzlich müssen zwei Ärzte schriftlich erklären, dass sie der Ansicht sind, dass durch die Abtreibung die körperliche oder seelische Gesundheit der Patientin weniger zu Schaden kommt als durch die Fortsetzung der Schwangerschaft.

Im Falle einer ngewollten Schwangerschaft sollte man sich möglichst rasch bei seinem General Practitioner vorstellen. Alternativ kann man sich auch bei verschiedenen Organisationen informieren, zum Beispiel bei Marie Stopes International (www.mariestopes.org.uk – tel.: 0845 3008090)

Der GP kann eine Patientin – möglicherweise nach einer Bedenkzeit - dann an eine Klinik überweisen, welche die Abtreibung auf NHS-Kosten durchführt. Allerdings ist der GP hierzu nicht verpflichet. Sollte er jedoch aus ethisch-moralischen oder religiösen Gründen eine Überweisung ablehnen, dann muss er gebenenfalls der Patientin die Möglichkeit bieten, einen Kollegen aufzusuchen.

In der Klinik wird die Abtreibung dann nach einem ausführliche Beratungsgespräch und Untersuchung entweder durch Medikamente oder durch chirurgische Intervention durchgeführt. Sofern keine Komplikationen auftreten kann man oft am selben Tag wieder nach Hause gehen.

# Wie funktioniert die Behandlung im Krankenhaus?

Eine Samstagnacht in einer Notaufnahme (Accident and Emergency Department) kann sehr turbulent sein.

Ein ausgeklügeltes System sorgt dafür, dass wirklich schwerkranke Patienten (halbwegs) zügig behandelt werden während Leichtverletzte sich auf lange Wartezeiten einstellen müssen.

Eine Notaufnahme ist für Notfälle! Das Personal dieser Abteilungen hat in der Regel einen sehr feinen Riecher für Patienten, die mit weniger dringenden Problemen kommen und die oft erheblichen Wartezeiten für Routine-Behandlungen abkürzen wollen.

Abgesehen von Notfällen finden ambulante Behandlungen durch Spezialisten im Out-Patient-Department statt. Hierfür benötigt man jedoch eine Überweisung durch seinen Hausarzt. Der Hausarzt schreibt zunächst einen ausführlichen Überweisungsbrief an den Spezialisten.

Nach einiger Zeit – meist Wochen oder gar Monate – bekommt man dann vom Krankenhaus einen Brief mit einer Einladung zu einem speziellen Termin. Weiß man schon im Vornherein, dass man diesen Termin nicht wahrnehmen kann, dann sollte man unverzüglich anrufen und um einen anderen Termin bitten. Falls man auch diesen Termin nicht wahrnehmen kann, sollte man absagen. Sowohl Spezialist also auch Hausarzt werden sonst möglicherweise sehr skeptisch reagieren.

Und noch eine Anmerkung am Rande:

Fast alle Krankenhäuser erheben inzwischen Parkgebühren. Diese Gebühren sind manchmal ziemlich saftig. Da die Krankenhäuser die „Bewirtschaftung" der Parkplätze oft an externe Privatfirmen abgegeben haben, werden Verstöße auch gnadenlos mittels Parkkrallen („clamping") verfolgt.

## Wo bekomme ich Medikamente? Wie finde ich eine Apotheke?

Apotheken heißen „Pharmacies", während ein „Chemist's Shop" eine Drogerie ist. Die Grenzen hierzwischen sind allerdings längst nicht so strikt wie in Deutschland. So gibt es auch „Dispensing Chemists" – das sind (meist größere) Drogerien, die auch eine Abteilung bzw. einen Schalter für rezeptpflichtige Medikamente haben. Wie in Deutschland so gilt auch in Großbritannien: In einem Geschäft, in welchem rezeptpflichtige Medikamente abgegeben werden, müssen von einem Apotheker beaufsichtigt werden. Allerdings kann dieser, im Gegensatz zu Deutschland auch angestellt sein. Die Auswahl an rezeptfreien Medikamenten („Over the Counter Drugs" – OTC) ist im UK wesentlich größer als in Deutschland. Sogar die „Pille danach" kann unter gewissen Umständen (Alter der Patientin über 16 Jahre, keine gravierenden Gesundheitsprobleme) von einem Apotheker ohne Rezept abgegeben werden.

Für rezeptpflichtige Medikamente wird eine Rezeptgebühr („Prescription Charge") von derzeit £ 6.10 verlangt, und zwar pro Medikamente („per item"). Rezeptfreie Medikamente können auch verschrieben werden, wenn der Arzt es für sinnvoll hält, dann ist nicht der Preis des Medikamentes, sondern die Rezeptgebühr fällig (die kann jedoch manchmal höher sein als der Preis des Medikamentes!). Bestimmte Gruppen (Rentner, Arbeitslose, Kinder) sind von der Rezeptgebühr befreit.

Die Dichte der Apotkeken ist im UK wesentlich geringer als in Deutschland. Zwar findet man in jeder Stadt und in jedem größeren Dorf in der Regel eine Apotheke, man muss aber danach suchen (während man in Deutschland ja oft buchstäblich an jeder Ecke eine Apotheke findet). Auch gibt es im UK keinen Apotkeken-Notdienst rund um die Uhr. Deswegen bekommt man, wenn man einen Arzt im Notdienst sieht, die Medikamente sofort mit (muss aber auch dafür die Rezeptgebühr bezahlen!).

Auch große Supermärkte haben oft Apotheken. Diese Supermärkte sind oft rund um die Uhr geöffnet, wobei die

Apotheke allerdings in der Regel spätestens um 22 Uhr schließt. Trotzdem sind die Supermarkt-Apotheken in der Regel am längsten geöffnet.

In kleinen Dörfern, in denen es keine Apotheken gibt, bekommt man die Medikamente gelegentlich auch direkt beim Arzt. Die Praxis hat also eine Hausapotheke („Dispensing Practice").

# Wo kann ich mich beschweren, wenn ich mit der Behandlung nicht zufrieden bin?

Jeder Arzt, der in Großbritannien praktizieren möchte, muss beim General Medical Council (GMC) registriert sein.

Bei der Registrierung werden seine Qualifikationen überprüft. Über die Webseite www.gmc-uk.org lässt sich die Qualifikation eines jeden Arztes online überprüfen. Wenn der Name eines Arztes hier nicht gelistet ist, darf er in Großbritannien keine Patienten behandeln.

Wer mit der Behandlung eines Arztes unzufrieden ist, sollte diesen zunächst selbst ansprechen. Ist dies nicht möglich, so sollte man in Krankenhäusern entweder um ein Gespräch mit dem Clinical Director bitten, oft gibt es auch einen speziellen Angestellten, welcher für die Entgegennahme von Beschwerden zuständig ist. Bei Hausärzten kann man sich an den Practice Manager wenden.

Wenn man seine Beschwerden schriftlich vorbringt, bekommt man normalerweise innerhalb von 7 Tagen eine Bestätigung des Einganges und wird über das weitere Vorgehen informiert, wenige Tage später bekommt man eine schriftliche Stellungnahme.

Ist man damit nicht zufrieden, dann kann man sich an den entsprechenden NHS-Trust (Hospital Trust oder Primary Care Trust) wenden, hier gibt es immer einen speziellen Mitarbeiter, welcher für die Annahmen von Beschwerden zuständig ist. Auch hier bekommt man zunächst eine Eingangsbestätigung, dann eine schriftliche Stellungnahme.

Der letzte Schritt ist eine direkte Beschwerde beim GMC.

Unabhängig davon sind natürlich auch rechtliche Schritte – eine direkte Klage – möglich, jeder Rechtsanwalt wird seinem Mandanten aber normalerweise dazu raten, zunächst den vorbeschriebenen Weg zu gehen.

# Wer darf Leistungen des NHS in Anspruch nehmen?

Grundsätzlich hat jeder Einwohner („resident") Anspruch auf Behandlung durch den NHS. Als Einwohner gilt prinzipiell jeder, der sich mindestens 3 Monate lang legal im Land aufhält. Wer Anspruch auf Sozialleistungen in Großbritannien hat, kann und sollte eine National Insurance Number beantragen.

Dabei sollte man zunächst nachweisen können, dass man auch wirklich hier wohnt.

Bürger der EU brauchen im UK keine Aufenthaltsgenehmigung und auch keine Arbeitsgenehmigung.

Da es im UK kein Meldewesen gibt, weist man seinen Wohnsitz normalerweise mit Hilfe von „Utility Bills", also Rechnungen für Gas, Wasser, Strom oder Festnetz-Telefon nach. Bei Studenten oder Leuten, die in Wohngemeinschaften leben ist dies oft nicht einfach. Hier kann eventuell ein Mietvertrag oder ein Schreiben seines Vermieters oder Arbeitgebers hilfreich sein. (siehe oben: Registrierung beim GP).

Um eine National Insurance Number zu beantragen muss man sich mit all diesen Unterlagen bewaffnet bei der zuständigen Behörde (Adresse unter „Social Security" im Telefonbuch) vorstellen, am besten telefonisch vorab einen Termin für ein „Interview" vereinbaren. Zur Registrierung beim GP ist die National Insurance Number noch nicht zwingend notwendig, sie sollte jedoch nachgereicht werden.

Auf Notfallbehandlungen hat man auch dann einen Anspruch, wenn man nicht dauerhaft (also weniger als 3 Monate) im Land wohnt.

Für den Patienten kostenlos ist die Behandlung jedoch nur, wenn man aus einem Land kommt, welches mit Großbritannien ein entsprechendes Abkommen geschlossen hat.

Das ist bei allen EU Ländern sowie der Schweiz, Liechtenstein, Norwegen und Island der Fall.

Man sollte die Krankenversicherungskarte seines Heimatlandes oder die europäische Krankenversicherungskarte vorweisen können.

Bei Einwohnern anderer Länder ist es möglich, dass der Arzt auf Privatliquidation besteht – faktisch kommt dies im Notfall jedoch so gut wie nie vor. In der Regel werden auch Einwohner von Nicht-EU-Ländern im Notfall kostenlos durch den NHS behandelt – es ist jedoch möglich, dass die Kosten später zurückverlangt werden.

## Sollte ich mich privat versichern?

Der NHS bietet eine Grundversorgung. Das heißt: Eigentlich bekommt man alles, was notwendig ist und genau das, nicht mehr und nicht weniger.

Ein großes Problem sind Wartezeiten für die Versorgung bei Spezialisten. Das betrifft sowohl ambulante Termine (in der „Out Patients Clinic") als auch Operationen, die zwar sinnvoll sind, aber nicht unbedingt sofort durchgeführt werden müssen wie zum Beispiel Leistenbrüche (Hernien), künstliche Knie- und Hüftgelenke oder Gelenkspiegelungen (Arthroskopien).

Die sogenannte Komplementärmedizin (Naturheilkunde, Akkupunktur, traditionelle Chinesische Medizin, Homöopathie) ist in der Regel nicht oder nur sehr schwer und in Ausnahmen als NHS-Leistung erhältlich. Wer auf solche Leistungen Wert legt, sollte jedoch im Kopf behalten, dass es gerade auf diesem Gebiet eine große Anzahl an Quacksalbern und „Abzockern" gibt. Die Londoner „Harley Street" (zwischen Oxford Street und Regent's Park gelegen) ist hierfür berühmt-berüchtigt.

Eine private Versicherung ist also sinnvoll, wenn man diese Wartezeiten nicht in Kauf nehmen möchte, wenn man Leistungen in Anspruch nehmen möchte, die der NHS nicht anbietet oder auch wenn man mit dem Hotel-Komfort von NHS-Krankenhäusern nicht zufrieden ist.

Es gibt inzwischen auch zunehmend mehr private Hausärzte (GPs) – zum Beispiel Kollegen, welche sich auf die Behandlung von Ausländern spezialisiert haben und Konsultationen in Fremdsprachen anbieten.

# Glossar

### A&E = Accident and Emergency Department
Ambulanz und Notaufnahme eines Krankenhauses

### Appointment
Arzttermin, bei Hausarzt (GP) oder Spezialist im Krankenhaus (Out Patient Appointment). Bei Hausarzt in der Regel 10 Minuten. Pünktlichkeit wird erwartet, falls man den Termin nicht wahrnehmen kann bitte absagen.

### Casualty
Anderes Wort für „Accident and Emergency Department"

### Chemist
Drogerie – manchmal auch als "Dispensing Chemist" mit Apotheke kombiniert

### Choose and Book
Wenn ein Hausarzt einen Patienten zu einem Spezialisten überweisen wollte, hatte er bislang keine Auswahl sondern musste an das örtliche Krankenhaus überweisen. Vor einigen Jahren wurde öffentlich wirksam eine Initiative angekündigt, nach der die Hausärzte ihren Patienten mehr Auswahl ermöglichen sollen.

### Chronic Disease Management
Patienten, welche an chronischen Gesundheitsproblemen leiden (Asthma, Bluthochdruck usw.) werden von ihrem Hausarzt zu regelmässigen Kontrollterminen eingeladen. Diese Untersuchungen werden oft nicht vom Arzt, sondern von der Krankenschwester (Practice Nurse) durchgeführt.

### Clinic
Eine (regelmässige) Sprechstunde, z.B. von einem Spezialisten. Auch eine vom Hausarzt abgehaltene Sprechstunde zu einem speziellen Thema (z.b. Family Planning Clinic). Die normalen

Sprechstunden der Hausärzte bezeichnet man hingegen als „Surgery".

## Consultant
Facharzt, Spezialist in leitender Position im Krankenhaus. Führt in der Regel auch Out Patients Clinics durch und ist damit auch für die ambulante Versorgung zuständig

## Cottage Hospital
Kleinst-Krankenhaus, in der Regel in ländlicher Gegend ohne fest angestellte Ärzte. Betrieben von Krankenschwestern und von Ärzten benachbarter größerer Krankenhäuser, sowie Hausärzten, die zu Visiten vorbeikommen. Allerdings eher eine aussterbende Gattung.

## Dispensing Chemist
Drogerie, welche auch rezeptpflichtige Medikamente verkauft, also quasi Drogerie und Apotheke unter einem Dach

## DGH = District General Hospital
Etwa ein Bezirkskrankenhaus, Kreiskrankenhaus, ein Krankenhaus der Grund- und Regelversorgung in ländlicher oder kleinstädtischer Region

## DOH = Department of Health
Das Gesundheitsministerium

## Emergency Contraception
Die "Pille danach". Generell unkompliziert von Hausärzten, auch hausärztlichem Notdienst sowie A&E oder unter Umständen sogar rezeptfrei in Apotheken (pharmacy) erhältlich. Sollte spätestens 72, besser 48 Stunden nach ungeschütztem Geschlechtsverkehr eingenommen werden.

## Evidence Based Medicine
Evidenzbasierte Medizin, medizinische Maßnahmen (Diagnostik oder Therapie) deren Wirksamkeit durch Forschungsergebnisse gesichert ist.

## Family Planing Clinic
Eine Sprechstunde, meist von Hausärzten, in welcher es ausschließlich um Empfängnisverhütung geht.

**Flu jab**

Grippeimpfung, für bestimmte Risikogruppen alljährlich empfohlen.

**GMC = General Medical Council**

Jeder Arzt, welcher im UK praktiziert muß beim GMC registriert sein. Nicht ganz vergleichbar mit der deutschen Ärztekammer.

**GMS = General Medical Services**

Einer von zwei Vertragsmöglichkeiten, welche ein Hausarzt bzw. eine Hausarztpraxis mit dem NHS abschließen kann

**GP = General Practitioner**

Hausarzt, Allgemeinmediziner

**Harley Street**

Eine Straße in London, in welcher sich zahlreiche Privatkliniken und Praxen befinden. Gilt daher als Synonym für teure, oft überflüssige Privatmedizin für Menschen, die zuviel Geld haben.

**Health Centre**

Hausarztpraxis, siehe auch "Surgery" oder "Practice"

**Health Visitor**

Krankenschwester mit einer besonderen Weiterbildung, welche für Gesundheitsprävention und insbesondere die Betreuung von Familien mit jungen Kindern zuständig ist

**Hospital Number**

Krankenhauspatienten bekommen bei Aufnahme eine Identifikationsnummer, auf die auch bei einer späteren Behandlung wieder zugegriffen wird, so dass die Krankenakte fortgeführt werden kann

**Hospital Trust**

Betreibergesellschaft (NHS-Untereinheit) eines Krankenhauses oder mehrerer Krankenhäuser in einer Region.

**Immunisation**

Impfung

## MAU / SAU = Medical Admission Unit bzw. Surgical Admission Unit

Internistische bzw. Chirurgische Aufnahmestation in einem Krankenhaus

## Med3 bzw. Med5

Name des Formulars zur Arbeisunfähigkeitsbescheinigung, siehe auch „sick note"

## Medical Card

Postkartengroße Karte, die man nach Registrierung bei einem GP bekommt. Nachweis der Berechtigung zu Leistungen durch den NHS, quasi die Versichertenkarte?

## Midwife

Hebamme, als „Community Midwife" Mitarbeiterin einer GP-Praxis und für die Betreuung Schwangerer zuständig.

## National Insurance Number

Identifikationsnummer zur Berechtigung von Sozialleistungen im UK

## New Patient's Check

Jedem neuen Patienten wird nach der Registrierung bei einem GP in der Regel eine Routineuntersuchung mit Anamneseerhebung angeboten, meistens durchgeführt von der „Practice Nurse"

## NHS = National Health Service

Staatlich organiserter Nationaler Gesundheitsdienst, Rückrat des britischen Gesundheitswesens seit 1948

## NHS Direct

Telefonischer Beratungsdienst

## NHS Number

Jeder Patient, der bei einem GP registriert ist hat solch eine lebenslange Identifikationsnummer

## NHS Trust

Örtliche Unterabteilung des NHS, entweder als „Hospital Trust" = Betreiber eines Krankenhauses, als „Primary Care Trust" oder als

Sonder-Trust für Spezialgebiete (z.B. Krankenwagen, psychiatrische Krankenhäuser usw.)

## OOH = Out of Hours Care
Hausärztlicher Notdienst nachts und an Wochenenden

## OPD = Out Patient Department
Krankenhausabteilung, in welcher ambulante fachärztliche Behandlung stattfindet.

## PCT = Primary Care Trust
Örtliche Planungsbehörde des NHS, zuständig für die hausärztliche Versorgung (die ambulante Erstversorgung) der Bevölkerung in einer Region.

## Pill Check
Arzttermin zur Routinekontrolle bei oralen Kontrazeptiva („Pille"). Die Pille wird kostenlos auf Rezept abgegeben, ein Arzttermin (beim Hausarzt!) ist in der Regel alle 6 Monate notwendig, es wird jedoch nur nach Verträglichkeit gefragt und Blutdruck gemessen. Normalerweise ist keine gynäkologische Untersuchung notwendig, auch nicht bei der Erstverschreibung! (siehe auch: „Smear").

## Pharmacy
Apotheke

## PMS = Personal Medical Services
Eine der verschiedenen Vertragsmöglichkeiten die ein Hausarzt mit dem NHS abschließen kann

## Practice
Hausarztpraxis, siehe auch „Surgery" oder „Health Centre"

## Practice Nurse

Sehr gut ausgebildete Krankenschwester in einer Hausarztpraxis, führt oft selbständige Sprechstunden durch

## Prescription
Rezept

## Prescription Charge
Rezeptgebühr, derzeit £ 6.10 pro verschriebenes Medikament.

## Primary Care
Hausärztliche Versorgung

## Repeat Prescription
Wiederholungsrezept für Dauermedikation. Kann in der Regel telefonisch oder schriftlich angefordert und dann abgeholt werden.

## Secondary Care
Fachärztlich spezialistische Versorgung im Krankenhaus (ambulant oder stationär)

## SHA = Strategic Health Authority
Regionale Planungsbehörde des Gesundheitsministeriums bzw. des NHS

## Sick Note
Krankschreibung, Arbeitsunfähigkeitsbescheinigung. Umgangssprachlicher Begriff für das Formular „Med 3" bzw. „Med 5"

## Smear
Abstrich vom Gebärmutterhals zur Krebsvorsorge. Im Routinefall bei gesunden Frauen im gebärfähigen Alter alle 3 Jahre empfohlen (vom 20. Lebensjahr an).

## Surgery
1.) Sprechstunde eines Hausarztes
2.) Das Gebäude einer Hausarztpraxis (manchmal synonym mit Health Centre gebraucht)

## Termination of Pregnancy (TOP)
Schwangerschaftsabbruch, Abtreibung. Im UK bis zur 12. Schwangerschaftswoche verhältnismäßig unkompliziert durchführbar – danach prinzipiell noch bis zur 24. Schwangerschaftswoche möglich.

## Triage
Ein kurzer telefonischer oder face to face Kontakt zwischen Patient und Arzt oder Krankenschwester, bei welchem entschieden wird, wie dringend das Problem des Patienten ist. Nach der Triage wird der Patient in eine von mehreren Kategorien eingeteilt um zu

gewährleisten, dass Patienten mit schwerwiegenden Problemen bevorzugt und schneller behandelt werden.

## Waiting list

Wartelisten für elektive (nicht dringende, aufschiebbare) Behandlungen. Politisch immer ein brisantes Thema

## Ward

Station, Krankenstation. Im Gegensatz zu Deutschland ist eine „ward" aber eher ein großer Krankensaal oder eine räumlich zusammenhängende Einheit mehrerer Krankensäle.

## Ward Round

Visite im Krankenhaus

## Well Women Clinic

Eine Sprechstunde, meistens von Hausärzten, in der es ausschliesslich um Empfängnisverhütung und Krebsvorsorge für gesunde Frauen geht. Manchmal auch synonym für „Family Planning Clinic" verwendet.

# Anhang: Interessante Adressen, Telefonnummern und Internetadressen

## Allgemeiner Notruf: **999** (oder 112)

NHS Webseite: http://www.nhs.uk

**NHS Direct:**

In England: 0845 4647

NHS Direct Wales/Galw Iechyd Cymru: 0845 4647

Scotland: "NHS 24": 0845 4 242424

Northern Ireland: "Health and Social Care": 0845 4647

**www.Patient.co.uk**

Ein Informationsportal für Patienten (in englischer Sprache).

**www.agms.net**

Deutsch-Englische Ärztevereinigung

**www.deutsche-in-london.net**

Eine Fülle von Informationen für Deutsche, welche in Großbritannien leben. Auf der Webseite gibt es u.a. auch eine Liste mit deutschsprachigen Ärzten

**www.gpnotebook.com**

Medizinische Informationen, in erster Linie für Ärzte.

## Dieser Ratgeber lebt von Ihren Rückmeldungen!

Sie wissen etwas, was hier nicht drinsteht, aber Ihrer Ansicht nach hineingehört?

Sie haben festgestellt, dass eine Information überholt ist und nicht mehr stimmt?

Sie sind selbst in Großbritannien als Arzt, Zahnarzt oder in einem anderen Gesundheitsberuf tätig und möchten gerne Informationen beitragen?

Ich freue mich über alle Informationen und über eine Email an:

## ratgeber@sonntag.org.uk